米軍資料で語る岡山大空襲
少年の空襲史料学

1944（昭和19）年　国民学校5年生の少年（右）左は弟2年生
当時の操山三勲神社境内にて

目　次

序章　忘れないで。岡山大空襲 ………………………………………………4

1章　無差別爆撃の『目標情報票』 …………………………………………6

2章　モンゴメリーの講演 ……………………………………………………12
　　　　　統計『都市目標の破壊』／『目標岡山のリトモザイク』

3章　『ルメイの焼夷電撃戦―参謀による分析報告―』……………………26
　　　　　──「結論の絵」──

4章　『日本上空の第20航空軍』……………………………………………38
　　　　　──炎の5ケ月──

終章　少年の戦争 ……………………………………………………………42

(付録) ……………………………………………………………………………46

序章　忘れないで。岡山大空襲

　少年はそのとき11歳。国民学校初等科の最上級生だった。あれから今年60年……。

　今、その時を語る言葉を失っている。だが彼は、ながらえていてその感慨にふける幸せを味わうことができる。

　思えば、まるで昨日の出来事のようである。1945年6月29日未明のＢ－29岡山大空襲。

　異様な物音に、はっと目が覚める。もう寝室の窓は、不気味な炎の色で染まっていた。空襲！とっさに枕元の非常用の肩かけカバンをひったくり、裸足で裏庭の素堀の防空壕に飛びこむ。その壕は少し前に少年自身の手で掘ったものだった。しかし空から落ちてくる火の雨に、そこにいては焼け死ぬと、すぐに壕から飛び出した。

　それからわずか数時間で、昨日までの故郷の街は目の前から消えた。わが家も、母校も……。

　少年は着のみ着のまま、すべてを失って、県北の山村、久米郡大垪和村に疎開した。8月15日は、その山村で迎えた。

少年は、それからしばしば岡山大空襲の歴史の事実を語り継いでいくことを買って出ている自分を発見することになった。定年退職後は、誰に頼まれたのでもないのに、自宅の一室に岡山空襲資料センターを開設して、仕事に専念している。歴史は史料で語られる。しかし史料を探す仕事に際限はなく、仕事は容易に完結しない。気がつくと戦災から60年。少年は少年の気持ちのまま歳をとった。このうえは、若き世代に仕事を引き継いでもらいたい。そんな思いで、少年の空襲史料学の一端であるが、本小冊子を作った。昔の少年からのささやかな贈り物である。忘れないで。岡山大空襲。

　　　　　　　　　　　　　　　　　　　　　　　2005年6月29日

1章　無差別爆撃の『目標情報票』

「岡山市への空襲は、たとえより小さい都市でも、その都市が戦争遂行上少しでも重要な働きを果たすものならば、見逃されるとか無傷でいることはできないという、さらなる警告となるものであらねばならない。もしもほかの小都市の住民が、自分たちの未来は灰色だと思っているのなら、この空襲はそれを真っ黒にするであろう。」

　これは、米軍資料の『目標情報票（TARGET INFORMATION SHEET）』（6月20日付）の中の、岡山の重要性の項目をしめくくる言葉。

　『目標情報票』は、マリアナのB－29部隊の第21爆撃機集団情報部A－2目標班が、出撃を間近にした作戦機に与える情報である。もちろんマル秘（機密度はCONFIDENTIAL）文書で、作戦機への持ち込みは禁止されている。その文章を、11歳の敵の少年が手にしている。少年は当時さして軍事的に重要でもない都市が、なぜ徹底攻撃されたのかを考えている。岡山が軍事的にさほど重要な都市でなかったことは、客観的事実だ。それは次のものを見れば明らかである。陸軍省・海軍省昭和19年1月策定の『緊急防空計画設定上ノ基準』の中の「国土防空整備ノ緩急順序　其ノ三　重要都市ノ防空整備強化」の項に、「強化整備スヘキ都市ハ東京ヲ第一トシ左記重要地区順位ニ依ル（一）京浜（横須賀、立川地区ヲ含ム）（二）阪神、名古屋、北九州、呉（三）室蘭、広島、長崎、京都、佐世保、舞鶴（四）其ノ他重要軍需生産都市」岡山はこのどこにもはいっていない。

　米軍は、そんな岡山のことでもよく調べている。情報票は、後頁

に全頁載せておくので参照されたい。(国会図書館　マイクロ)

　情報票は、目標都市岡山について、市街地とその周辺の工場、発電所、商業施設など15ケ所の標的をリストアップする。そして岡山の重要性を大別して、(1)軍事的には陸軍兵舎と兵器廠(現岡山大学)、(2)商業的には数本の鉄道の存在とそれが集中する岡山駅、(3)工業的には水島の三菱航空機工場(海軍の一式陸攻など組立の大工場)の部品製造に転換している多数の下請け工場としている。情報票を読めば、この(1)(2)(3)の存在が岡山を空襲する理由に見える。しかし実際は無差別爆撃。彼等が設定した「焼夷弾攻撃地域(fire zone)」にあるのは、リストにある15ケ所の中のⓐ(＝(2))駅と操車場、ⓑ煙草工場(当時専売公社)、ⓒ製粉所(日清製粉)、ⓓ岡山城とバラック(中学校校舎)だけである。場所の特定できない(3)は、リストに登場することはない。(1)ははずされていて、fire zoneに存在するのは(2)と(3)だけである。
　だが厳密に言えば、このうち(2)は実際には攻撃されていない。というのは、鉄道施設の破壊に焼夷弾は無力。米軍はそれを知っている。にもかかわらず、6.29で使用したのは焼夷弾だけである。実際に(2)(＝ⓐ)はいくつかの建物の被害で、損害は施設全体の面積の3％。(2)はほとんど無傷。空襲の日に列車の運行は可能だった。この際ついでに言えば、この反対の極にあったのは、軍事的標的ならぬ文化施設のⓓ岡山城と中学校校舎で100％破壊された。この空襲で米軍の100％損害評価の例は、この場所以外にない。
　結局、目標都市岡山の「焼夷弾攻撃地域」の米軍の標的は、姿の見えない(3)のみとなる。

　岡山には、米軍がいう通り、姿は見えなくとも(3)は確かに存在している。しかし、親の三菱の大工場は、1週間前の6月22日に、Ｂ－29の大空襲で壊滅している。その時点で、(3)の標的としての軍事的価値が、(1)や(2)より大であるとするのは、政治的判断の場合だ

けだろう。『目標情報票：岡山』の解読から導き出された少年の「結論」は以下のことである。

　６月29日の岡山大空襲は、敵の軍事的物理的戦力を直接たたく作戦でないことは明らかだ。岡山の米軍にとっての軍事的価値は、その段階でゼロに近い。(3)の存在を云々するのは、街を焼く口実にすぎない。明らかに岡山大空襲は、一般市民の戦意をそぐためになされたテロ攻撃（恐喝空襲terror raids)を本質とする無差別爆撃であった。先にふれたが、彼等の焼夷弾攻撃地域にある標的で、岡山城と中学校校舎が100％、反対に鉄道施設が３％ということに、岡山大空襲の本質が見える。『目標情報票』の締めくくりの言葉は、中小都市岡山に対してテロ攻撃をしていることをあからさまに語っている。

　この空襲で、少年はたまたま逃げおおせたが、2,000人を超える岡山市民が殺された。

CONFIDENTIAL

NOT TO BE TAKEN
INTO THE AIR ON
COMBAT MISSIONS

TARGET NO: 90.27-OKAYAMA URBAN
INDUSTRIAL AREA
OBJECTIVE AREA: 90.27-OKAYAMA

TARGET INFORMATION SHEET

OKAYAMA URBAN INDUSTRIAL AREA

Latitude: 34° 40' N
Longitude: 133° 57' E
Elevation: Sea Level

1. **SUMMARY COMMENT:** Okayama, a city of diversified activities with industrial, commercial and military installations, is primarily important as the hub of a new center of the Jap aircraft industry. It produces a wide variety of manufactured products and is a domestic-trade port of importance and a training center for troops.

2. **LOCATION AND IDENTIFICATION:** Okayama is about 100 miles west of Osaka and 12 miles north of Uno, a port on the Inland Sea. It is built on a large delta of the Asahi River just 3 miles north of Kajima Bay. The city is shaped roughly like a bullet pointing south, the N-S axis about $2\frac{1}{2}$ miles long and the E-W axis about 1 mile across. The Asahi River borders and runs the full length of the city on the east. There is flat land for 4 miles NE and south to the bay; otherwise the terrain is steep and mountainous.

3. **TARGET DESCRIPTION:** The population of Okayama was 163,000 in 1940 and since it has become more important industrially, it has probably grown considerably. Unlike most cities on the Inland Sea, it has had plenty of room for expansion so that the population density is not unusually great. Exact figures on population density are not available but it is probably about 50,000 per square mile in the city proper.

The buildings in Okayama are largely one or two-story, wood or plaster houses with some modern concrete offices and stores in the north section. A number of small industries are located in the city proper, but the larger factories and military installation are on the outskirts.

There are no adequate firebreaks in the city proper. Several small parks and a castle with a moat around it might serve as havens, but since fires could burn around them, they are not considered firebreaks as such. The Asahi River is an adequate firebreak, separating an industrial area in the southeast from the city proper. The railroads in the north and northwest could constitute a minor firebreak between the military barracks and arsenal and the city.

CONFIDENTIAL

CONFIDENTIAL

Some of the industries in and around Okayama are: textile mills, casting plant, arsenal, chemical plant, gas works and small plants producing aircraft parts. The city also has a large railroad yard and roundhouse on the important San-yo line.

4. **IMPORTANCE**: Okayama is important industrially, commercially and militarily. The industries are not unusually large individually, but they are numerous and varied. The military barracks and arsenal at the north end of the city are important installations. The arsenal is believed to be a large producer of rifles, bullets, hand grenades, mines and bombs. Okayama's commercial importance lies in the fact that seven railroads, including the important San-yo line, radiate from the city. All of these converge at the railroad station and yards. The industrial importance of Okayama cannot be determined exactly, but it is believed that a number of the plants have been converted to making aircraft parts for the Mitsubishi A/C Co. Assembly Works, Target 1681, 15 miles southwest of the city.

A list of targets in the fire zone, or city proper, follows:

Railroad Station and Yards
Cigarette Factory
Flour Mill
Castle and Barracks

A list of targets in the immediate vicinity of the city but outside the fire zone follows:

1284 - CHUGOKU STEAM POWER PLANT
OKAYAMA BARRACKS AND ARSENAL
NAKAJIMA CASTING CO.
CEMENT WORKS
CHEMICAL PLANT
PAPER MILL
STEAM POWER PLANT
GAS WORKS
TEXTILE MILLS
RAYON PLANT
PORT FACILITIES

A raid on Okayama should serve as an additional notice to the Japanese people that they will not go unnoticed or unharmed, even in the smaller urban industrial areas, if their city is at all important in the prosecution of the war. If the future looks grey to the people of other small cities, this might add the tint which makes it black.

5. **AIMING POINTS**: Aiming points will be specified in the Field Order.

20 June 1945

Target Section, A-2
XXI Bomber Command

CONFIDENTIAL

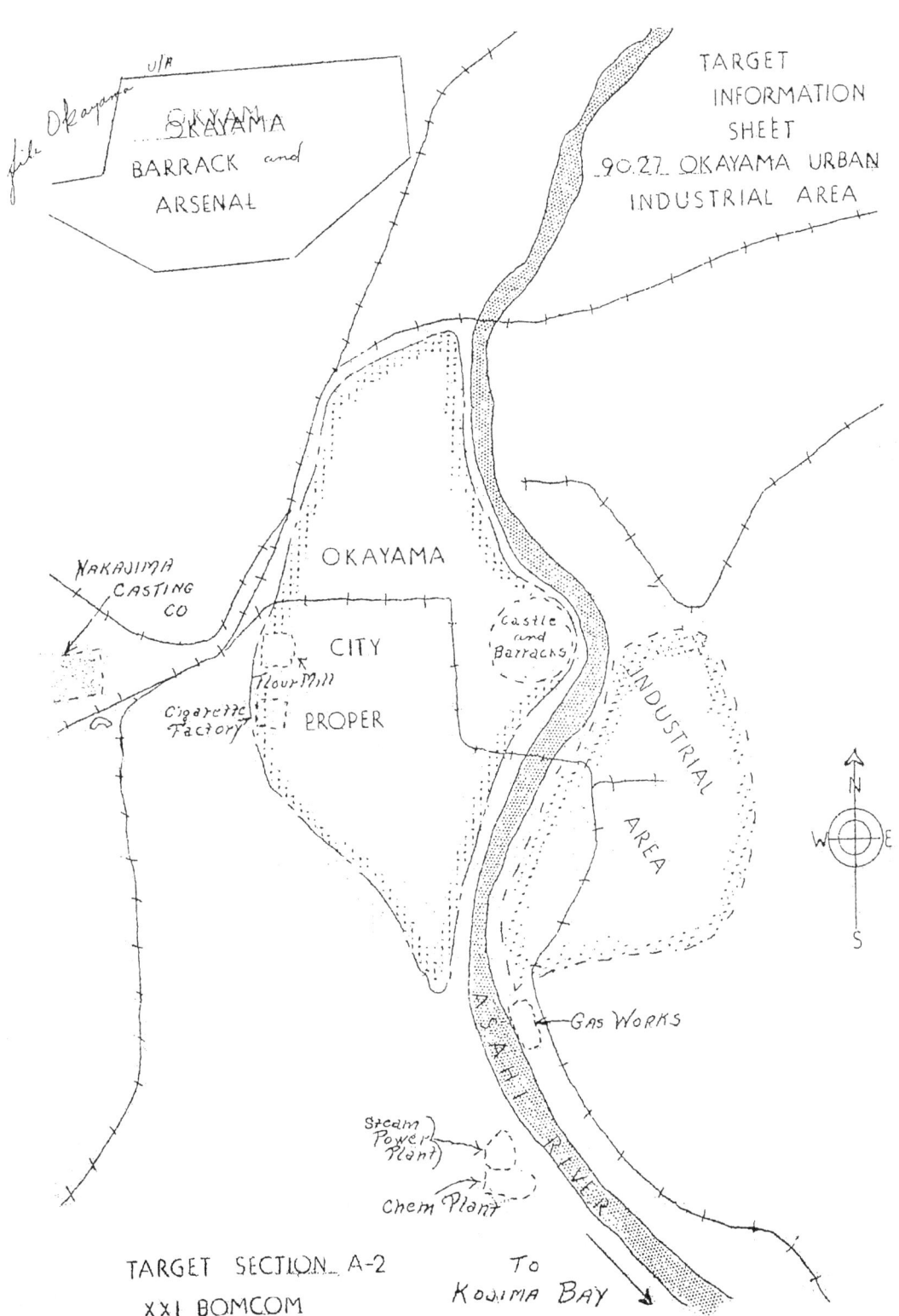

2章　モンゴメリーの講演
― 統計『都市目標の破壊』／『目標岡山のリトモザイク』―

> ……日本側の損害は極めて重大でありました。日本は66都市を失いました。これらの都市のうち59はほとんど完全に破壊されました。残り7都市は部分的な破壊ですみました。市街地の建物密集地域の破壊は、178平方マイルもしくは113,000エーカーに上ったのです。

　マリアナのB－29部隊の参謀の一人だったJ．B．モンゴメリーの講演「20航空軍の日本本土爆撃作戦」から断章の引用である。モンゴメリーのB－29部隊の軍経歴は以下のとおり。

　"1944年3月8日に、B－29の二つ目の集団として、XX1爆撃機集団が創設されると、モンゴメリーは司令官着任までの間指揮官代理を務め、カンザス州のサライナ（Salina）で同集団の司令部を開設し準備に当たった。1944年10月からは、XX1爆撃機集団（1945年7月16日以降第20航空軍）の作戦担当副参謀長としてマリアナにあり、3代の司令官：ハンセル（Haywood S.Hansell,Jr.）ルメイ（Curtis E.LeMay）、トワイニング（Nathan F.Twing）のもとに戦争終結までこの任に当たった。"

　この講演はその内容から大戦直後の1945年11月ごろとされている。どこで誰を対象にしたものかは不明である。講演を14頁にタイプしたものが、米国戦略爆撃調査団（USSBS）収集資料の中にある。奥住喜重氏が、『空襲通信6号2004.7.23』（空襲・戦災を記録する会全国連絡会議会報）で全文の訳と解説により資料紹介されている。この引用及びモンゴメリーの軍経歴のどちらも奥住氏によるものであることをお断りする。（以下も同じ）
　モンゴメリーは、日本本土空襲に直接たずさわった中心的人物で

あるだけに、その講演内容に注目する。

　マリアナのB-29部隊は、東京をはじめする大都市から岡山のような「中小都市」、そればかりでなく、人口3万人余の文字通りの小都市まで、次々と焼き払った。その数66。もし8月15日が少しでも後になれば、その数はさらに増加していただろう。

　米軍はこのとき、日本本土180都市を空襲する予定だった。『Attacks on Small Urban Industrial Areas』という題の文書に180都市の表を載せている。表の第1はもちろん東京。180番は人口3万余の熱海市である。この表によって中小都市への空襲が進んだ段階で、残された都市の空襲順位を検討している。
　岡山市は31番目で、3月10日の東京大空襲から数えて102日目、「中小都市空襲」の3回目に空襲された。岡山は津山市（127番）、玉野市（142番）、倉敷市（159番）が入っている。いずれも人口3万数千の小都市で、実際の空襲は免れたが、倉敷市については、8月15日が遅れていれば空襲されていたかもしれない。このことについては、拙稿「そのとき倉敷の未来は何色？―8月8日付米第20航空軍『目標情報票』―」（『空襲通信第5号2003.7.26』同前所収」を参照してほしい。小都市の住民の未来は「情報票」の言葉どおり真っ黒だった。

　モンゴメリーは、具体的な各種の統計表によって、B-29部隊が対日戦の勝利に貢献したか語る。

　66都市への空襲の全体をまとめた統計表があるので、見てみよう。その統計表のキーを解読したものを下に掲げる。
　これは、USSBSの報告書No.66『THE STRATEGIC AIR OPERATION OF VERY HEAVY BOMBERDMENT IN THE WAR AGAINST JAPAN：1946.9.1公刊』に収められているもの。USSBSの

作成であるから、米軍資料としては二次的なものである。その点の資料的限界を考慮する必要があるが、膨大な情報が含まれているので、読者の問題関心に応じて、さまざまな角度から分析するとよい。以下は少年の若干のコメントである。

　統計表のタイトルはずばり「都市目標の破壊」。米軍の都市目標への空襲は、都市そのものを焼き払うことを第一義とすることから、表に登場する数値は、各都市の破壊面積とその比率だけである。ただ支払った自らの犠牲（代価）の大小により、獲得した価値が変わるので、表は、Ｂ－29の損失や使用爆弾量と対比して取り上げ、バランスシート（貸借勘定表）になっている。
　統計表は、１都市目標１行の内容であるが、66都市すべて並ぶと、この時の無差別爆撃の全容が姿を見せる。始まりの東京から、ヒロシマ、ナガサキへと一直線でつながっている。その線上に岡山もある。

　2,000万人余の市民の住む都市に、延べ１万4,000余機のＢ－29が、約10万米トンの爆弾を投下した。その結果、市街地面積の43％が破壊された。それは計画した破壊面接に対しては、実に92.2％である。少年は統計表内容に圧倒されている。
　モンゴメリーが講演で「これらのうち59はほとんど完全に破壊」と語ったことのウラがこの表にある。

都市目標の破壊

註—これは第1目標にたいする攻撃だけの表である。

目標都市名 / Urban area targets	人口(人) / Population	建物密集地域面積 (平方マイル) / Square miles built-up area	破壊計画面積 (平方マイル) / Square miles planned target area	破壊面積 (平方マイル) / Square miles destroyed	破壊割合 (%) / Percent built-up area destroyed	破壊計画に対する割合 (%) / Percent planned target area destroyed	作戦回数 / Missions	爆撃機の数 / A/C bombing	損失機数 / Losses	投下弾量 (米トン) / Tons delivered
Akashi	47,751	1.42	0.8	0.9	63.5	101.0	1	123		975.0
Amagasaki	181,011	6.9	(1)	.76	11.0	(2)				(2)
Aomori	99,065	2.08	1.8	.73	35.0	40.5	1	63		551.5
Chiba	92,061	1.98	1.2	.86	43.4	72.0	1	125		892.3
Choshi	61,198	1.12	1.0	.48	43.0	37.9	1	104		779.9
Fukui	97,967	1.9	1.7	1.61	84.8	95.0	1	128		960.4
Fukuoka	323,217	6.56	4.0	1.37	21.5	34.3	1	221		1,525.0
Fukuyama	56,653	1.2	1.0	.88	73.3	88.0	1	91		555.7
Gifu	172,340	2.6	1.8	1.93	74.0	107.0	1	129	1	898.8
Hachioji	62,279	1.4	1.2	1.12	80.0	93.3	1	169	1	1,593.3
Hamamatsu	166,346	4.24	1.5	2.97	70.0	162.6	1	130	4	911.7
Himeji	104,249	1.92	1.0	1.48	71.7	121.0	1	106		767.1
Hiratsuka	43,148	2.35	.8	1.04	44.2	130.0	1	133		1,162.5
Hiroshima	343,968	6.9	(3)	4.7	68.5		1	4		45.5
Hitachi	82,885	1.38	1.2	1.08	78.2	73.3	1	128	2	971.2
Ichinomiya	70,792	1.28	1.0	.97	76.0	96.0	2	247		1,640.8
Imabari	55,557	.97	.8	.73	76.0	97.0	1	64		510.0
Isezaki	40,004	1.0	.5	.16	16.6	33.0	1	87		614.1
Kagoshima	190,257	4.87	2.0	2.15	44.1	105.0	1	171	2	1,023.1
Kawasaki	300,777	11.3	3.0	3.7	32.8	94.0	1	250	12	1,515.0
Kobe	967,234	15.7	7.0	8.75	56.0	125.0	3	874	11	5,647.8
Kochi	106,644	1.9	1.8	.92	48.0	51.0	1	134	1	1,117.6
Kofu	102,419	2.0	1.5	1.3	15.0	87.0	1	133		977.9
Kumagaya	48,899	.6	.6	.27	45.0	45.0	1	82		593.4
Kumamoto	210,938	4.8	3.0	1.0	21.0	33.0	1	155	1	1,121.2
Kure	276,985	3.26	2.0	1.3	40.0	65.0	1	157		1,093.7
Kuwana	41,848	.82	.8	.63	77.0	79.0	1	94		693.0
Maebashi	86,997	2.34	1.3	1.0	42.0	77.0	1	92		723.8
Matsuyama	117,534	1.67	1.0	1.22	73.0	122.0	1	128		896.0
Mito	66,293	2.6	2.0	1.7	65.0	85.0	1	161		1,151.4
Moji	138,997	1.12	.8	.30	26.9	37.8	1	92		626.9
Nagaoka	66,987	2.03	1.2	1.33	65.5	110.8	1	126		928.3
Nagasaki	252,630	3.3	(3)	1.45	43.9		1	2		45.0
Nagoya	1,328,084	39.7	16.0	12.37	31.2	77.0	5	1,647	23	10,144.8
Nishinomiya	111,796	9.46	4.5	3.5	37.0	62.3	1	255	1	2,003.9
Nobeoka	79,426	1.43	.8	.52	36.0	64.0	1	126		876.4
Numazu	53,165	1.4	1.4	1.25	89.5	89.5	1	125		1,051.9
Ogaki	56,117	1.2	.8	.48	40.0	60.0	1	93		663.7
Oita	76,985	2.2	1.4	.55	25.2	39.6	1	131		801.9

1 With Osaka.　1　大阪と同時
2 See Osaka.　2　大阪を見よ
3 No planned area.　3　計画なしの地域
4 Atomic bombing mission. Bomb weight not included.　4　原爆投下作戦。爆弾重量に含めていない

都市目標の破壊：続き

目標都市名	人口 (人)	建物密集地域面積 (平方マイル)	破壊計画面積 (平方マイル)	破壊面積 (平方マイル)	破壊割合 (%)	破壊計画に対する割合 (%)	作戦回数	爆撃機の数	損失機数	投下弾量 (米トン)
Urban area targets	Population*	Square miles built-up area	Square miles planned target area	Square miles destroyed	Percent built-up area destroyed	Percent planned target area destroyed	Missions	A/C bombing	Losses	Tons delivered
Okayama	163,552	3.38	1.8	2.13	63.0	119.0	1	140	1	985.5
Okazaki	84,073	.95	.8	.65	68.0	81.00	1	128	-------	857.4
Omuta	177,034	5.37	1.5	2.27	42.5	136.0	2	240	1	1,733.8
Osaka	3,252,340	59.8	20.0	15.54	26.0	81.5	4	1,027	23	10,417.3
Saga	50,406	1.2	1.0	(5)	-------	-------	1	63	1	458.9
Sakai	182,147	2.32	1.8	1.02	44.0	57.0	1	116	-------	778.9
Sasebo	205,989	2.34	2.0	.97	42.0	48.0	1	145	-------	1,070.9
Sendai	223,630	4.53	3.0	1.22	27.0	41.0	1	130	1	935.5
Shimizu	68,617	1.41	.8	.74	52.0	84.0	1	153	-------	1,116.7
Shimonoseki	196,022	1.42	.8	.51	36.0	63.8	1	130	1	836.4
Shizuoka	212,198	3.46	2.0	2.28	66.0	112.5	1	158	2	1,022.3
Takamatsu	111,207	1.8	1.5	1.40	78.0	96.0	1	116	2	833.1
Tokushima	119,581	2.3	1.4	1.7	74.0	121.0	1	141	-------	1,127.9
Tokuyama	38,419	1.27	.73	.68	53.5	64.3	1	107	-------	789.5
Tokyo	6,778,804	110.8	55.0	56.3	50.8	86.0	5	,699	70	11,472.0
Toyama	127,859	1.88	1.88	1.87	99.5	99.5	1	176	-------	1,478.1
Toyohashi	142,716	3.3	1.5	1.7	52.0	113.0	1	160	-------	1,026.1
Tsu	68,625	1.47	1.0	1.18	81.0	98.0	1	76	-------	730.0
Tsuruga	31,346	1.13	.8	.77	68.0	96.0	1	94	-------	692.2
Ube	100,680	1.8	1.0	.42	23.0	42.0	1	103	-------	726.7
Ujiyamada	52,555	.93	.8	.36	39.0	45.0	1	119	-------	839.5
Utsonomiya	87,868	2.75	1.4	.94	34.2	67.1	1	115	1	802.9
Uwajima	52,101	1.0	.9	.52	52.0	58.0	2	159	-------	1,106.3
Wakayama	195,203	4.0	2.0	2.10	52.5	105.0	1	125	-------	883.8
Yawata	261,309	5.78	3.55	1.22	21.0	33.0	1	221	4	1,301.9
Yokkaichi	102,771	3.51	1.0	1.23	35.0	123.0	1	95	-------	591.6
Yokohama	968,091	20.2	8.0	8.9	44.0	111.2	1	463	7	2,590.8
Other	-------	-------	-------	-------	-------	-------	-------	490	-------	2,334.6
Totals	20,836,646	411.0	192.16	178.10	43.3	92.2	81	14,569	175	98,511.9

* No damage. 5 損害なし

SOURCE: Twentieth AF Statistical Summary of its Operations Against Japan.　典拠：20航空軍対日作戦統計概要

ところで、いかなる資料であっても、資料はその由来、性格に応じて何らかの資料的限界が存在するものである。その利用にあたっては、注意深い吟味がいる。もし解読をあやまれば、折角の資料が、虚構の歴史をつくる材料になる。この表を取り上げた機会に、統計の岡山の１行を検証する。以前機会があって、この表の検証を試みた小報告文を、『空襲通信６号2004.7.23』（同前）に提出している。今、好都合なので、それを一部引用するので参考にしてほしい。

6.29　岡山空襲に直接かかわる部分は１行。説明上それを取り出す。

目標都市名	①人口(人)	②建物密集地域面積(平方マイル)	③破壊計画面積(平方マイル)	④破壊面積(平方マイル)	⑤破壊割合(％)	⑥破壊計画に対する割合(％)	⑦作戦回数	⑧爆撃機の数	⑨損失機数	⑩投下弾量(米トン)
岡山	163552	3.38	1.8	2.13	63	119	1	140	1	985.5

　ここに見える数値は、「戦術作戦任務報告書」（以下ＴＭＲ）などにある統計的数値との間に、基本的に大きな齟齬はない。しかし説明なしでは数値の意味が把握できず虚構をひきだしかねない。筆者がかわって説明することにする。説明の必要上、別の米軍資料の統計表から岡山の１行をとりだして並べる。『統計管理部局1945.10.1付文書20航空軍作戦概要1944.6.5～1945.8.14』（国立国会図書館USSBS関係資料マイクロフィルム）第１章「21爆撃機集団―目標の損害」（表１）「都市目標」からである。

都市名	人口(単位千)	作戦回数 第１目標 昼間	作戦回数 第１目標 夜間	第２目標	臨機目標	爆撃の機数	損失機数	爆弾米トン数 高性能爆弾	爆弾米トン数 焼夷弾	爆弾米トン数 合計	損害評価 面積(平方マイル)	損害評価 建物密集地域に対する割合(％)
岡山	164		1			138	1		982	982	2.13	63

　（註）この表の数値は、１部概数表記にしてあるが、ＴＭＲの数値と一致する。

　この表（以下「後者」）と「表」で対比できる欄の齟齬が認められるのは「表」の⑧の機数。しかし二つはどちらかに間違いがあるというのではない。何をどう表現するかで両者の整合性がないところから違いが生まれている。「表」は損失機数１を140に含めていない。「後者」は138に含めている。したがって「表」を「後者」と同じ表現

にすると「表」の140は141となる。では「141」と「138」の違い。141はテニアン島基地発進のB－29の数である。しかしそのうち3機はトラブルで「アーリーリターン」。いわゆる「無効機」で爆撃に参加していない、つまり「表」の141は「無効機」も含めた数。「後者」は有効機だけの数。その違いである。「後者」が損失の1機も有効機に数えることは、実際の事実に照らして正当なことである。この1機は、空襲中に目標上空でエンジントラブルで墜落した。墜落直前に焼夷弾を投下（或いは投棄）したが、それは岡山市街地の南、爆撃中心点から約8キロの地点に着弾した。8キロであれば、彼等が設定した第1目標の範囲である。6.29の実際では、被弾は中心点から10キロ前後の同心円に及んでいる。ＴＭＲの統計では、それがすべて第1目標への投弾としてまとめてある。

「表」には、機数は無効機を含めた140としながら、投下弾トン数は有効機の分だけの数値にしているという矛盾がある。「表」の「985.5」は明らかに「981.5」（ＴＭＲ）のミスプリントである。985.5―981.5の4米トンという半端な数は、6.29の実際でどこからもでてこない。念のため言うが、ＴＭＲの統計には有効機138機の投弾量として981.5米トンが明示されている。無効機3機の爆弾の行方については特記されていないが、ＴＭＲには、981.5米トン以外に「緊急時荷物投棄」分20米トンが記録されている。筆者は、この20米トンは無効機の投棄したものと考えている。岡山空襲では、1機平均約7米トンの焼夷弾を搭載している。20米トンは、ちょうど無効機3機分に相当する数量である。

「表」はこのように二次的資料からくる限界も加わって、資料的限界が大きい。しかしそれを理由に資料的価値を認めないのではない、その点誤解なきよう願う。

調査者、研究者が、資料として取りあげるもので資料的価値のないものはない。価値が認められないものは、捏造や改ざんされた資料だけである。もともと資料的限界のない資料などこの世に存在しない。要は、資料の徹底検証である。そのために一次資料を縦横た

くさん収集しなければならない。

さてここでモンゴメリーに再登場してもらう。彼は講演で下のように話している。

> 司令官が現在までの作戦の結果に満足しなかったことは、皆さんも容易にお判りでしょう。彼は空襲の効果を直ちに改善するために、何かしなければならぬと考えました。そこで彼は決断して、B－29空襲の性質を次のように変更しました。
>
> 彼は、日本の主要な市街地に対して、低空からの攻撃方式を直ちに始めることを計画しました。これらの低空からの攻撃は、できるだけ大量の爆弾を搭載して、できる限り頻繁に繰り返すように、また日本の重要な市街地の密集地帯を焼き払うように、計画されました。
>
> この場合、誰もが知る通り、**これらの攻撃は、日本の一般人にテロ行為を加えるものではありませんでした。攻撃は、主要な工業施設と、日本の都市市街地の中に存在する多数の小規模の工場を破壊するために、計画されたものです。**工場の大きさは家内工業で、少人数の従業員で生産される製品に大幅に依存していました。これらの工場は市街地に散在していて、それらはあまりにも数が多く、位置を定めようもないので、精密爆撃では破壊することができませんでした。それを破壊する唯一の方法は、市街地を焼夷攻撃することだったのです。

注目のところを太字にした。原文の"……these attacks were not designed to terrorise the Japanese population."の部分。彼は日本都市焼き払いを、テロでないという。もちろん司令官ルメイと寸分たがわぬ言い分である。ルメイについては、次のコラムを参考にされたい。

— 19 —

ロナルド・シェイファー著『アメリカの日本空襲にモラルはあったか（原題『裁きの翼』）深田民生訳草思社（1996.4.25刊）から

　ルメイは三月十日の東京大空襲に関する報告書のなかで、第二一爆撃軍の焼夷弾攻撃の目的は「一般住民を無差別爆撃することではなかった」と言明した。数年後、彼は自分の意図をはっきりさせた。自分の部下は軍事標的を狙っていたのであり、「一般市民を殺戮のために殺戮することには意味がない」と述べた。しかし、日本の軍需産業は住宅地区全体に散らばっており、一般市民は「標的となる〔工場〕労働者」と混在していた。このことを知るには、「我々が焼き払った後でこれらの標的の一つを訪れ、ボール盤の残骸が転がってる多数の小さな住宅の廃墟を見ればよい」。日本では、全住民が「小さな子供すらも」、飛行機と弾薬の製造を助けた。「我々が多数の女性と子供を殺害しようとしてることは知っていたが、やらねばならなかったのだ」と彼は述べた。第二一爆撃軍の指揮官ルメイにとっては、三月十日の東京空襲の際に使用したような方法は無差別爆撃ではなかった。そうした方法は軍事的必然だったのである。

　※ロナルド・シェイファーは米州立大歴史学教授。本書はアメリカの戦略爆撃の道義的問題を鋭く問うた労作として知られる。訳者の深田氏はあとがきで「……本来ならこのような研究は、日本の研究者によってなさるべきなのであろうが、日本の大学は遂にこのような研究をなすことなく、50年を過ごしてきた。残念なことである」と述べておられる。

モンゴメリーの講演で、さきの少年の「結論」（1章）は変更の必要があるだろうか。

　講演はヒロシマ、ナガサキへの原爆投下のことでしめくくられている。「…われわれの全てが、原子爆弾は日本人に戦争をやめさせるための格好の理由を与えるのに、まさに絶好の時に落とされたと感じました。御存知のように、この爆弾は極めて有効で、その目的を達成しました。私がこれは、日本人が戦争を続けようと企てることは、国民全員の自殺に導くものだということを、彼らに知らせるために、必要なことの全てであったと考えるものであります。」モンゴメリーも原爆の無差別性は否定できない。しかし講演は矛盾している。街の中心部に設定した1点の照準点に投下されたのが原爆であれば、無差別爆撃。焼夷弾であれば、無差別爆撃にあらずというのである。かくも矛盾した論理がどこまで通用するものであろうか。
　米軍の岡山大空襲の意図は、広島への原爆投下と同じだったのである。ことさら恐るべき殺人兵器と焼夷弾を同列に論ずるつもりはない。しかし米軍はそれを同列にして、目標都市破壊面積率岡山63％、広島68.5％、長崎43.9％の損害評価報告をする。ここにむしろ焼夷弾の原爆とならぶ無差別性が浮かび上がっている。

　このときの日本本土諸都市のB－29による空襲が、紛れもない無差別爆撃であったことは、すでに世間でよく知られており、少年が論ずるまでもないのかもしれない。しかし、東京や広島と違い、いわゆる中小都市空襲の岡山では、モンゴメリーの講演が案外そのまま受け入れられている。
　モンゴメリーの講演を、もし不問にすれば、アメリカの無差別爆撃が免罪されることになる。

　想像を越えたB－29の空襲に圧倒された体験から、少年の周りに

は、当時の米軍やＢ－29を買いかぶる人が結構多い。Ｂ－29が夜間、高々度からピンポイントで爆弾を命中させていると信じている人が何人もいる。実例をあげてみる。

○株式会社天満屋　空襲初回ヨリ敵機ノ好目標トナリ集中攻撃ヲ受ク……」　○「郵便局ハ敵機ノ好目標トナッテ前後十回位降下攻撃ヲ受ケルモ……」　○「立川飛行機倉庫、絹糸ガ好目標デアッタ由」（以上『岡山市戦災調査資料』から）　○「……その教室に軍隊が駐屯していた。……軍隊がいなかったら、あるいは空襲を免れ得たかもしれなかった」　○「その弓道場が戦時中に高射砲隊の弾薬庫となっていたため空襲を受けて消失し……」　○「学区内の被害は少なかったが、……岡山製糸がねらわれた……」（以上『校誌』から）　○「第１弾が駅をねらったであろうことはほぼ見当がついてきた」　○「浜が攻撃されたのは、今の操山高校の付近に高射砲陣地があったからだ」（著名な郷土史家）。

　この他(ほか)にも手記や証言に、この種の見方はたくさん存在している。街全体に無数の焼夷弾が投下され、あっという間に数百年の歴史を持つ岡山の街が消えた。それを見てこのように思うのは、無理もない。米軍はあれこれの個々の標的をねらって投弾していないが、このような見方が残念ながら今日なお語り継がれている

　これは、戦後60年の段階の記憶の風化のひとつの姿だと思う。風化は格好(かっこう)の虚構の舞台となる。これは杞憂(きゆう)ではなかった。

　1996年５月30日のこと。その日地元紙に、「岡山空襲『無差別』でなかった」という大見出し８段組みの記事が登場したのである。ルメイの亡霊が現れたように感じたことである。

　記事は、「核戦争を防止する岡山県医師の会」が、「岡山空襲時に、米軍の爆撃ポイントがあったことを示す資料を岡山市に寄贈した」と伝えたものである。市長にそれを手渡している写真も添えられ、

「来月26日、戦災展で公開」の小見出しもついている。記事本文には、「岡山空襲はこれまで、ポイントを絞らず『無差別的に行われた』とされており、従来の認識を一変する貴重な資料」とある。

この記事は、十全な取材を欠いて生まれたものと思う。記事を書いた記者は、無差別爆撃を「ポイントを絞らずにするもの」と誤解しているようだ。

無差別爆撃といえども、目標の都市がある。目標の焦点がボケていては、爆撃は成功しない。Ｂ－29部隊は、自らの損害は最小限に抑え、敵には最大限の打撃を与えるという合理的できわめて冷徹な戦法を確立させている。３月10日の東京大空襲が皮切りになったが、司令官ルメイのリーダーシップで採用された戦法。大雑把にいうが、Ｂ－29単独行動（編隊を組まない）で、夜間、低中高度から、目標都市の中心部に設定した１点の爆撃中心点（照準点）を目印に、大量の焼夷弾を投下する。爆撃中心点は街が大きくなければ、普通は一つでよい。原爆も基本的に同じことだった。実際に岡山も広島もポイントは一つ。岡山は焼夷弾だから１点に約95,000発を使い、広島は原爆だから１点に１発。もし岡山大空襲が無差別爆撃でなければ、広島の原爆も無差別爆撃でないことになる。

問題のこの「資料」のコピーを参考までに下に掲げておく。「リトモザイク」と呼ばれているものである。目標の爆撃中心点の位置が、実際に街のどこに設定されているかを作戦機に伝えるために用意されている。岡山のリトモザイクは、５月13日に第３写真偵察戦隊が撮影した写真を編集したもので（本冊表紙のカットも参照されたい）、縦横の座標軸により、数字でポイントの位置を読み取るようになっている。Ｄ－Ｄａｙ６月29日の「野戦命令書No.91」を見ると、目標岡山の爆撃中心点（標準点）は１点だけで、（横）071（縦）097の数字で与えられている。この数字を「リトモザイク」で読めば、岡山空襲の爆撃中心点（照準点）は、現ＮＴＴクレドビルの交差点に設定されていることがわかる。ちなみに、この１点には、

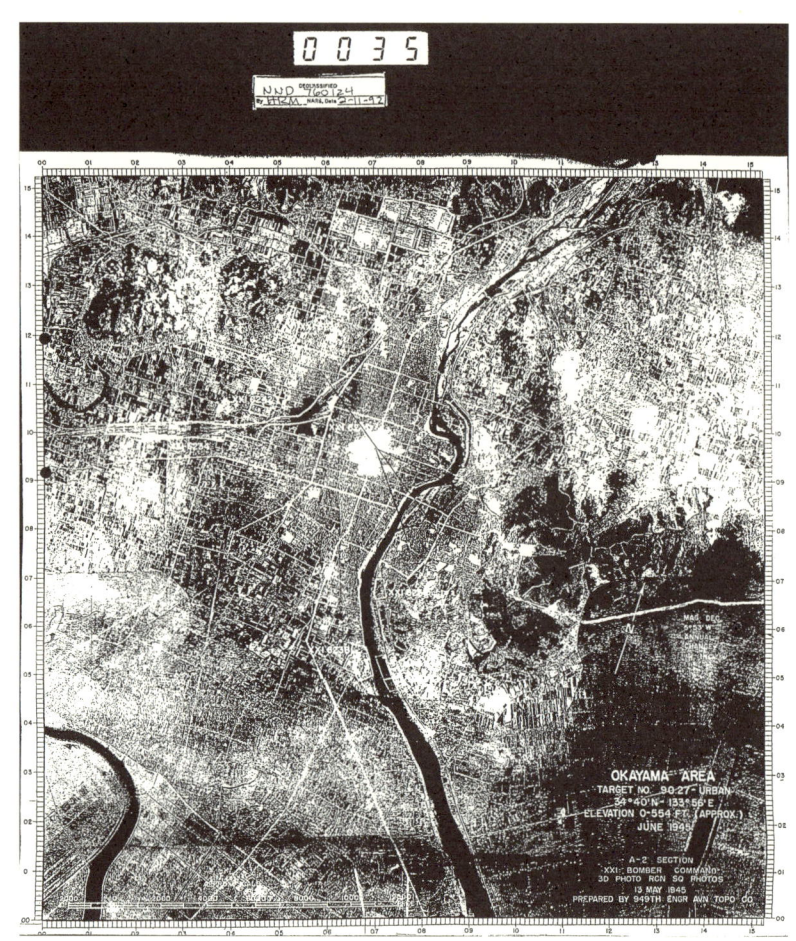

（国立国会図書館　USSBS関係マイクロフィルムから）

　本冊表紙のカットによって見ることができるが、半径4,000フィート（約1.2キロ）の確率誤差円（半数必中界）があって、その中心点を目印に全機が全弾を投下して、確率的・統計的に円内に約半数が着弾すると計算して作戦を計画実行に移している。
　リトモザイクのことは、奥住喜重・工藤洋三著『原爆投下の経緯』（東方出版）にくわしく説明されているので是非参照されたい。

　地元紙が取り上げた「リトモザイク」は、岡山大空襲がまぎれもない無差別爆撃であったことを示すもので、地元紙がいうところとは反対の意味で"貴重な資料"なのである。

歴史の風化が引き起こしているおぞましい現実。せっかくの"貴重な資料"も解読を誤れば、風化に手をかす材料となる……。少年はそのことにいささかショックを覚えた。そのショックは新聞記事自体から受けたことより、少年のまわりに、この記事を問題にするものがひとりもいなかったことの方が大きかった。

　少年は、すぐ当新聞社編集部に出かけ、記事の訂正を求めた。見解の相違の問題でなく、事実誤認だから記事を訂正すればかえって新聞の権威があがると考えたが、受け入れられなかった。事実を正した文も持参していたので「論壇」欄への掲載も求めたが、それは大学の先生のような人に依頼しているのでと断られた。少年の権威は全く認められなかった。

　少年は、そのショックの傷をいやすために、6・29岡山空襲研究会を立ち上げることにした。記事の責任は、当の新聞社だけにあるのではないからである。研究会が発展して、岡山空襲資料センターができた。今日、当センターのあるのは、この新聞記事の一件のおかげでもある。

　少年が、戦後60年にしてなおモンゴメリーの講演を不問にしない理由を理解していただけただろうか。

　歴史の記憶の風化に、この際ぜひ歯止めをかけたい。限られた米軍資料のつまみ食いでは、虚構の語り継ぎに歯止めをかけることができない。痛切にそう思う。それで、肝心の史料を見つけるため、際限のない仕事であるが、さらに範囲を広げた資料探索を続けることになる。
　史料は探せば見つかるものである。

3章 『ルメイの焼夷電撃戦―参謀による分析報告―』
―「結論の絵」―

CONCLUSIONS

最初に「CONCLUSIONS」（結論）とフィーチャーされた絵に登場してもらった。本稿主題のキー資料である。ここでそれに「結論の絵」と名付けることにする。

　この絵は、マリアナのＢ－29部隊第21爆撃機集団（XX1 Bomber Command）の全45頁の極秘（SECRET）文書の中にある。文書の表題は、『Analysis of Incendiary Phase of Operations Against Japanese Urban Areas』（日本の市街地域に対する作戦のうち、焼夷局面に関する分析）である。この文書の成り立ちは、起案申請の付書（下に掲載）があるのでわかる。

```
                    HEADQUARTERS XXI BOMBER COMMAND
                    OFFICE OF THE CHIEF OF STAFF
                    APO 234, c/o Postmaster
                    San Francisco, California


    SUBJECT: Analysis of Incendiary Phase of Operations,
             9-19 March 1945

    TO:      Commanding General

             The attached report, prepared by the DC/S,
    Operations, is submitted for your approval.

                                    A. W. KISSNER
                                    Brigadier General, USA
                                    Chief of Staff

    APPROVED:

                  CURTIS E. LeMAY
                  Major General, USA
                  Commanding.
```

「焼夷電撃戦（Fire Blitz）」と米軍は呼ぶようになるが、3月10日〜19日の間の東京、名古屋、大阪、神戸、再び名古屋と4都市に対する連続5回の空襲を、作戦参謀（ルメイの幕僚）は作戦終了直後（文書内容から3月23日〜4月4日の間と考えられる）に、徹底分析を試みている。この45頁の極秘文書は、その報告書である。（以下「分析」とする。）

　各地の空襲・戦災の調査、研究に資する重要な資料と考えられるので、当岡山空襲資料センターでは、『米軍資料　ルメイの焼夷電撃戦――参謀による分析報告――』（2005．3.10　吉備人出版刊）という本にして、このほど世に出したことである。資料の発見は、5年ほど前のことであるが、幸運にも、戦災60年の今年、米軍資料の名伯楽の奥住喜重氏に全45頁の翻訳と解説の労をとっていただくことができ出版できた。ぜひ本書を手にとってほしい。
　たまたま、本書の読後感想を、現職の高校教師の方が、関係の歴史教育研究サークルの会報に寄せておられるので、ここに転載（抄）させていただき、この場での本書の案内にかえさせてもらうことにする。

　先日行われた東京大空襲の60年の追悼を皮切りに、各地で空襲の犠牲者を追悼する集会が開かれている。そのような中、この空襲の加害者である米軍資料が翻訳され、一冊の本になった。……（中略）文章は非常に平易で、分量もそう多くはない、しかし、重たい本であった。というのも、この米軍資料が空襲の結果を絶えず様々な視点で検証し、与えられた航空兵力と時間でいかに都市を無駄なく焼き尽くすかという分析であるからだ。しかも分析だけではなく実際に出撃時間や爆撃の高度、爆弾の搭載量を絶えず是正し、いかに効率的な空襲が実行できるかをまさしく実験として行ってきた報告だからである。私自身は当然戦後生まれで、空襲の経験はない。しかし子どもの頃には空襲の中逃げまどった人はあちこちにおり、私の

叔父も逃げまどった一人であった。そういった人たちの話を頻繁にはないにしろ、何度か直接聞いている者にとって、いかに戦後育ちとはいえ、内心穏やかなものではない。ところがそういった読み手の気持ちとは全く関係なしに、この報告は一読すればわかるが、その分析は多様であり、論理的であり、冷酷といえるほどの客観性である。例えば爆撃機の搭乗員の心理面への影響についても、精神を強くして克服せよという日本の精神主義的な要素は皆無である。ひたすら論理的に効率的な爆撃に修正されていく。この冷酷な客観性が読む心を段々、萎えさせる。我々は戦記物に触れる機会は頻繁にある。しかし、現実の戦争の遂行を記した記録となると希有である。それを知り得たという点だけでもこの本の意義は大きい。別な面での戦争の残酷さを知る本であり、授業での利用も十分に可能な一冊であろう。

　ところでこの本を読んで疑問に思った点が一つある。それは都市をどこまで効率的に焼き尽くすかというシュミレーションが行なわれていく中、都市の住民の被害に関する記載が一行もない点である。これだけ多様な視点で分析されつつ、犠牲者となった非戦闘員について書かれなかった意味が何なのか。いろいろな意味で考えさせられる一書である。（2005.4.10）

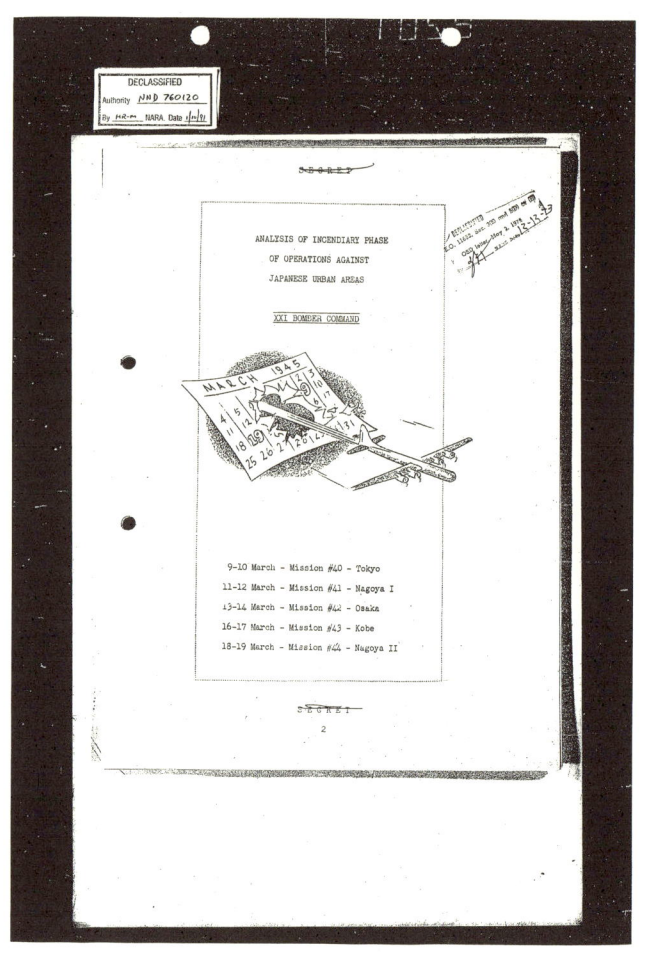

　この「分析」にはどんな資料的意味（史料的価値）が存在するか。それは、本稿の主題と関連して、少年にはまた格別のものがある。それを知ってもらうために、少し回り道しながら語りたい。

　少年は、現在、岡山空襲資料センター代表として、確かな記録を作るために、さまざまな領域、分野の資料の掘り起こしと収集の仕事をしている。誰に頼まれたわけでもない。収集した資料の中から、肝心の史料を探し出す。歴史は史料によって語られる。もし私たちが、史料を失ってしまえば、記憶の風化が進み、歴史は忘れ去られ空白となる。歴史の空白は、それが格好（かっこう）の虚構の語り継ぎの舞台となるから怖い。死者は、あの時から何も語ることができないでいる。たまたま生きて今日あるものが、虚構の語り継ぎをしていては、死

者はいつまでも浮かばれない。その一心から、資料の探索を続けている。

　体験者の記憶は大事な資料である。今のうちに収集しなければならない。いわゆるオーラルヒストリー。ただ個人の記憶は、本来頼りないもので、視野もせまく客観性に乏しい。だから何百人、何千人の人々に語ってもらう必要がある。たくさんの人々の記憶を重ねて初めて確かな事実が浮かび上がる。少年はこれまで、延べにすれば1,000人近い人々から、話を聞かせてもらっただろうか。しかし、これでは十分ではない。なにしろ6月29日の犠牲者は2,000人を超えているのである。

　少年の仕事は、当然米軍資料の探索に向かう。空襲は、日米の戦争の中で起きたことである。敵の資料を見ないでいては、記録は完結しない。記録係を買って出ている以上、英語力不足を理由に、敵側の資料を見ないのでは、記録係失格である。少年は学生時代にちゃんと勉強しなかったことを後悔しながら、もがいて資料を収集した。現在資料センターに多くの米軍資料のコピーが重ねられている。それは、小項目の件数で何百にもなる。

　現在、少年にも利用できるできる米軍資料は、大きくまとめて二つ。
　一つはよく知られている米国戦略爆撃調査団（USSBS）報告書の基礎資料群。米国立公文書館にある。もう一つは、アラバマ州のマクスウエル空軍基地空軍歴史研究センター（USAF Historical Reserch Center）が所蔵する空軍の「戦記」資料。ともに情報公開されているものは、マイクロフィルム化されていて、前者は国立国会図書館、後者はピースおおさかが購入所蔵している。おかげで、アメリカに出かけなくても、少年にも米軍資料の収集が可能となっている。マイクロではあるが、少年にとっては、まさに資料の宝の山。内容も

多種多岐にわたる。米軍は戦闘真っ最中にも、資料の収集、保存に大きなエネルギーをさいている。

しかし、初めは量の膨大さに、先行研究者の案内なしにそれに近づくことはできなかった。もし資料の目録がなければ、宝の埋もれた山を前にしても、お目当ての宝は見つけることは難しい。有り難いことに、現在では先行研究者の労作の目録があり、その記述も次第に充実している。

国会図書館の所蔵するUSSBS関係のマイクロ巻数（リール本数）は、現在約800巻と聞く。一巻1,000コマ（頁数）として、全部で約80万頁になる。仮に1日に10頁閲覧するとすれば、全部に目を通すのに約220年もかかる。1日100頁でも22年。

ちなみに、ピースおおさか所蔵のマイクロ約50巻の目録を作成された森祐二氏によると、マクスウエルのUSAF Historical Reserch Centerに保存されている資料は、6,000万頁あり、大部分は情報公開されているという。これでは何回生まれ変わっても、一人では全部見究めることはできない。

> それは、公的な歴史に関する6千万ページの記録からなっていて、合衆国軍事研究の、世界最大で最も価値ある文書のコレクションとなっている」森祐二「太平洋戦争期のアメリカ空軍資料：注釈付きファイル目録（1）」大阪国際平和研究所紀要『戦争と平和、'95—Vol.4』所収。

7〜8年前になるが、少年は無謀にも国会図書館の800巻のマイクロを端から端まですべて閲覧しようとした。マイクロの詳しい目録がなかったので、そうせざるを得なかった面もあるが、その試みはすぐに挫折した。マイクロを回していないときに、世の中の方が回り出した。それでも20巻ぐらいは見たと思う。幸運にもその中で「結論の絵」を発見した。

この発見について、この際踏まえておきたいことがある。"発見"といったが、それはその時の思いに過ぎず、厳密にいえば発見ではない。アメリカの文書類の中の未整理の資料の中から、生の資料を見つけたのではないからである。
　マイクロはあくまでも編集された二次的資料である。前から誰にでも利用できる状態に置かれていた。しかし、未公刊の資料ではある。その中から忘れられていたものを探し出したのである。二次的なマイクロからは、生の資料の持つ、温度や色彩や匂いまでは伝わってこない。また、それには一次的な資料収集者、あるいは編集者による資料の解題は一切付されていない。
　このような資料的限界の存在することを知っておく必要がある。少年は、アメリカに飛んで行き、オリジナル資料を手にしたい気持ちを抑えて、マイクロで我慢している。しかし誤解なきように言っておきたい。たとえマイクロであっても、その資料的限界を踏まえて、資料の分析、検証を怠らなければ、史料の発見者にはなれるということである。

　「分析」は、このような動機で、国会図書館憲政資料室のUSSBSマイクロフィルムEntry46のRoll 4の中から探し出した。そして、岡山空襲資料センターがこれまでに収集したたくさんの一次資料の中の一つとして、検証のテーブルに置かれることになった。

　英文が十分に読みとれないまま、次々マイクロのコマを回していて、よくこの資料を見落とすことなく持ち帰ったと、今にして思う。見落とさなかった最大の理由は、資料の中に、「結論の絵」を見たことだったと思う。次のこともある。
　「焼夷電撃戦」を参謀が分析している。文書に司令官ルメイの自筆のサインも見える。サインの一つは、最終頁のコラムの次のような分析の締めくくりの言葉になされている。「……そして、戦術は

完全になり、攻撃のテンポは速められ、Ｂ－29は着実に数を増し、あらゆる天候通じ、昼となく夜となく、日本帝国の心臓部を攻撃するであろう」（本冊裏表紙参照）。タフでアグレッシブなルメイに対面したようで恐ろしかった。

　この「分析」は、本文のところどころにイラストも添えている。しかし、これは添え物の単なるイラストの類ではない。１頁に「CONCLUSIONS」とフィーチャーしてある。
　実はこの絵は、「分析」が報告の終わりにまとめている『結論』の文章の直前の頁に置いてある。CONCLUSIONSは、大書されて絵をフィーチャーするが、それは本文の『結論』の章の題でもあった。実際に本文の『結論』の文章の頭には、結論の文字を改めてつけないで、いきなり文章が始まっている。

　「分析」は、その『結論』の全部を、「結論の絵」一枚に収れんさせているのである。
　言葉によれば、一度にひとつのことしか説明できないが、絵にすれば一度に全部、宇宙の姿でも表現できる。
　少年は、敵のことながら、Ｂ－29部隊が戦争の分析の報告で、写真や図や統計表だけでなく、絵まで描いて訴えるという、あまりの冷徹さを、心憎く思った。しかし、それは同時に戦争の冷酷さを知らされることに通じていた。上空の彼らに、地上の実際は写生はできない。しかし彼らは地上で何が起きているか、自分が何をしているか、よく知っていたのである。

　上空に焼夷弾を投下して飛び去るＢ－29の機影が見える。街はすさまじい音をたてて燃えている。電柱は折れ、日の丸も倒れている。逃げまどい、炎にのまれた二人の影が手前にクローズアップされている。

これこそがＢ－29の「焼夷電撃戦」の結論である。

　モンゴメリーは講演で、「これらの攻撃は、日本の一般人にテロ行為を加えるものではありませんでした」と語った。この絵は、彼が講演中に語ったのはウソだったということを教えてくれる。
　「分析」は、全45頁（付書、表紙を含めて）。絵の頁にはナンバーは付されていない。「分析」の本文44頁と絵1頁を天秤にかけると、ぴったりと釣り合うのである。

　「分析」の44頁の方から、それを今少し見てみよう。
　「分析」の『結論』は、（ａ）～（ｋ）の11項目にまとめられている。最初の項目（ａ）をのぞいて、（ｂ）～（ｋ）の10項目は、ただひたすら市街地を効率よく焼き払うにはどうすればよいかの反省点の究明となっている。では最初の（ａ）は何か。（ａ）は、空襲の意義を説明する。新しい戦術の市街地空襲の意義をまず明確にしておかなければ、実際の反省点は出てこないからである。言い方を変えると、（ａ）は、分析の大前提として置かれている。少年は、この大前提に大いに注目した。特に下線の部分。（ａ）を原文、訳文対比して掲げる。

「Incendiary attacks against Japanese urban areas have a <u>definite military as well as a psychological value</u> since destruction of a city destroys home industries which are a vital link in the Japanese war economy.」（日本の市街地域に対する焼夷攻撃は、<u>心理的価値と同時に、はっきりとした軍事的価値がある</u>。それは、一つの都市を破壊すれば、日本の戦争経済に活動的につながっている家内工業を破壊するからである）（下線は筆者による）

　"軍事的価値"のところから後に続くところだけ見ると、これまでルメイやモンゴメリーが語っていることと同じに見える。しかし、

ここではその部分は"心理的価値と同時に"と切り離さず読みとる必要がある。考えてみれば、心理的価値を追求する空襲で、なにがしかの軍事的価値が追求できることは、街なかに軍事的標的が存在していれば当たり前のことである。「分析」の大前提は、あくまで「心理的価値」の追求だった。だから、「結論の絵」のどこにも軍事的価値追求の姿がないのである。

　奥住氏は、『ルメイの焼夷電撃戦』の解説で、この部分について「市街地の焼夷攻撃に、心理的価値と軍事的価値があると明記していることに注目する。軍事的価値は説明する必要もないが、心理的価値とは威嚇であり、戦意を失わせることである。一般市民に対する恐喝空襲terror raidsではないと言ったのが、単なる言い訳であることがわかる」と指摘する。

　少年が、『目標情報票』から得た「結論」（1章）と「分析」の『結論』がぴったり一致した。改めて言うことになるが、モンゴメリーが講演で語っていることはウソであり、彼は自分のウソも知っていたことが、この「分析」資料の存在でいよいよ明らかになったことである。

　ルメイのリーダーシップで計画実行された低高度焼夷夜間空襲（LOW ALTITUDE INCENDIARY NIGHT ATTACKS）。B－29戦略爆撃の革命的ともいわれる新しい戦術の採用だった。その始まりが「焼夷電撃戦」である。「分析」は電撃戦終了直後に作戦をこのように徹底的に分析した。

　先に登場してもらった社会科教師は、読後感想で「分析」のあまりの冷酷な客観性に衝撃を受けたことも隠さない。そして「分析」に「都市の住民の被害に関する記載が1行もない」ことを指摘して、その意味を考えている。

「分析」はどこまでも"効率的な爆撃"を求めてなされるが、その効率性は、考えてみれば「効率よく住民を殺す」ことを究極の目的にしているのである。効率性の追求の先に原爆の使用がある。

　敵の住民の犠牲を思いやることは、「結論の絵」で十全にしている。彼らには、これ以上に一字たりとも付け加えるものがなかったのである。
　戦争はかくも冷酷そして残酷無比なものである。苦労して収集した資料「分析」は、少年にとって極めて史料的価値の大きいものだった。

4章　『日本上空の第20航空軍』
——炎の5ケ月——

表紙（ピースおおさか　16mmマイクロから）

最終頁（同前）

　マイクロから表紙のコピーをここに載せたが、マクスウエルのUSAF Historical Reserch Centerの「戦記」資料（ピースおおさかマイクロ）の中に、『日本上空の第20航空軍』という表題の冊子資料がある。大部なものではない。米陸軍航空軍出版会、1947（昭和22）年の版で全29頁。

　大戦中の第20航空軍の軍事行動を記念するアルバムとなっている。第20航空軍といったが、むしろ司令官のルメイの功績を記念するものといった方がよいかもしれない。冊子のメインは、後半にま

とめて収められた数十枚の記念写真の類で、将軍たちのポートレイトに始まり、最後は原爆そしてミズリー号での日本降伏調印のセレモニーの何枚かの写真である。そして収められた写真の前に、米陸軍航空軍による「第20航空軍少史」が置かれている。

　この「小史」は、よく知られた『USSBS報告書』や『陸軍航空軍史』のような第三者によってなった視野の広い、詳細具体的なものでなく、資料の性格上、Ｂ－29部隊の第20、21爆撃機集団の14ケ月の対日戦を、軍自ら年表的（chronology）に簡潔にまとめたものである。したがって、自らの軍事的行動の意義付けも、与えられた限定的な軍の使命の範囲でとらえられている。そのため、かえってＢ－29の都市空襲の本質が直せつに伝わってくる。
　「小史」は冒頭で、14ケ月の作戦について、"1944年６月５日のタイの鉄道施設への77機による368米トンの空襲"から始まって、全体で"延べ32,612機の出撃"となったこと、初めは"100機以下の小空襲"だったが、それが"800機以上の大空襲"に飛躍したこと、そして"高性能爆弾による鉄道や工場への爆撃"から、"ゼリー状ガソリン弾（焼夷弾）"による日本諸都市の広範な焼き払いへ、そして街の全部を完全に破壊した恐るべき原爆に至ったことを述べる。そのうえで「小史」は、第20航空軍の日本に対する全電撃戦（blitz）のハイライトは、「強力な作戦を展開した大戦最後の５ケ月間」であったと、それを「炎の５ケ月」と名付けている。それはまさに３月10日の東京大空襲から８月15日までの５カ月間。少年は「炎の５ケ月間」についての「小史」の説明に注目した。

The last five months of the 20th Air Force's war-time activities proved the forcing ground of history・・・five flaming months in which the B-29s reduced an island stronghold to ashes,tipped a stalemate to victory. Five flaming months in which a thousand All-American planes and 20,000 American men brought homelessness, terror and death to an arrogant foe, and left him practically a nomad in an almost cityless land. This is the chronology, briefly, of that doom and deliverance.

「……炎の５ケ月間に1,000というアメリカのすべての機と20,000のアメリカ兵士が、傲慢な敵に対して、ホームレス状態と恐怖と死をもたらした。そして、彼らをほとんど街のなくなった島の事実上の浮浪者にした。……」・・・・・・。

私はさしずめ"傲慢な敵"の11歳の少年。実際にホームレスになり、死の恐怖の中、難民となって県北の山村に逃れた。米軍はそれを「破滅と解放（救い）の短い年代記」と意義付けている。岡山大空襲は、その「炎の５ケ月」の中にあった。残念ながら、私たちには彼らが「解放（救い）」のためと言っていることを全面的に否定することできないのである。

この岡山大空襲で、2,000人を超える人々の尊い命が奪われた。米軍はこの時、小さな岡山に対して、シーレスキュー隊員も含めて約2,000人の兵員を投入している。まさに一人一殺。しかし戦争であれば、彼らの損害もゼロではなかった。空襲中エンジントラブルで１機が岡山市郊外の児島半島に墜落した。乗員11人全員死亡している。死亡した11人のうちの１人は、当方の調査で明らかになったが、４人兄弟の末っ子。満20歳になったばかりだった。

終章　少年の戦争

ミニ年表　『日本敗戦の最終段階』

年	月　日	こ　と　が　ら
1944 (昭和19)	6.15	米軍サイパン島上陸
	6.19	マリアナ沖海戦
	6.30	学童疎開促進要綱閣議決定
	7.18	東条内閣総辞職
	8. 4	学童集団疎開第一陣上野発
	8.22	沖縄からの疎開船対馬丸米潜水艦の攻撃で沈没
	10.24	レイテ沖海戦・海軍神風特攻隊（10／25）
	11.24	マリアナ基地のB29東京初空襲
1945 (昭和20)	1. 9	米軍ルソン島に上陸
	2.19	米軍硫黄島に上陸
	3. 6	B29岡山県最初の空襲 （旧加茂村／庄村／山手村被弾）
	3.10〜3.19	東京、名古屋、大阪、神戸、再び名古屋大空襲（「焼夷電撃戦」） ※3.15　大都市に於ける疎開強化要綱決定 ※3.18　決戦教育措置要綱決定
	4. 1	米軍沖縄本島に上陸 （4月京都、舞鶴、広島、呉学童集団疎開）
	5. 7	ドイツ降伏
	5. 8	トルーマン日本に無条件降伏を勧告
	5.14	最高戦争指導会議構成員対ソ交渉方針決定 （終戦工作開始）
	5.22	戦時教育令交付 （全学校・職場に学徒隊を結成）

年	月 日	こ と が ら
	6. 8	天皇臨席の最高戦争指導会議、本土決戦準備の「今後採るべき戦争指導の基本大綱」を採択
	6.下	中小都市の焼夷攻撃激化
	6.22	水島大空襲（三菱重工業水島航空機製作所）／沖縄戦日本軍の抵抗やむ
	6.23	国民義勇戦闘隊（15歳以上60歳以下の男子、17歳以上40歳以下の女子同隊に編成）
	6.29	岡山大空襲 少年久米郡大垪和村に疎開
	7. 9	岡山県「教育非常措置」発表 （四市国民学校には極力縁故疎開を勧奨し、残余の者については集団疎開を行う）
	7.中下	岡山市国民学校学童集団疎開準備
	7.21	岡山師範学校男子部附属国民学校学童集団疎開出発
	7.25	女子部附属国民学校学童出発
	7.26	対日ポツダム宣言発表
	7.30	文部省、岡山県の学童集団疎開不認可（補助金支出せず）
	7.31	岡山市長「市会」で集団疎開中止がよいと発言（補助金が出ないことに関連して、義務教育の趣旨に反する云々） 岡山県疎開方針変更 （「分散教育」をする。集団疎開を第一義的に扱わない）
	8.6	広島に原爆投下
	8.9	長崎に原爆投下
	8.15	日本敗戦

岡山が空襲されたのは、アメリカと戦争していたからである。『目標情報票』が、岡山を戦争遂行上全くの無力と考えなかったことは間違っていなかった。6月段階は、本土決戦に備えて国民義勇隊が次々に結成され、町ぐるみアメリカに立ち向かっていた。国民学校6年生の11歳の少年もその中にいた。

>　「岡山市の一角に立ち、記者の胸からむらむらと湧き起こる怒りは、ルメー爆撃隊に対する報復の怒りであり、全中国の敵米に対する憤激でもある『畜生奴、やりやがったな』今はただ異口同音に叫ばれるこの一点を表現の中…」（1945.7.1付　合同新聞特派員発）。

>　「今にして思へば思ふ程アメリカの奴等が憎らしくてなりません。あの市中の様子を見た時に、日本人として敵慨心に燃えないものがどうしてありませうか。私達も毎日学校の焼け跡整理を致してゐますが、どうしてもこの仇は討つ、どんなことがあっても討たずにはおかないと愈々張り切ってゐます。」
>（「三十年目の記録―岡山師範学校男子部附属国民学校初等科昭和20年度卒業生の戦争体験―」拙編　1976.10.23刊）

　これは、母校の国民学校の同級生が、担任の先生からもらった手紙。彼は家が焼け、岡山から九州に疎開する。その時の学校の転校手続き書類にそえられていたのである。彼はこの手紙を保存していて、卒業30年後の同窓会に持参した。

　母校は県の急な指示で、空襲ですべて失ってから、学童集団疎開を実施した。1年生から6年生までの男女129名。疎開は避難ではない。「疎開は勝つために行う慶事」。出発のさい、岡山駅頭で主事がこう訓示した。私は個人疎開組で、親兄弟とわかれるこの集団疎開組にはいなかったが、集団疎開組の山本伸5年生、彼には1年生の妹もついていたが、疎開先で家郷の母親からもらった手紙。

「仇をうつまでみんな頑張るのです」母親は疎開先で息子がくじけたら、生きて帰れないことを知っていたから、「さすが日本の子はえらいと思ひました。母ちゃんの子供は強いと思ひました。…みんな焼けても、大和魂は焼けませんね。」と懸命に励ましている。母親だけでない。伸の姉さんも、弟や妹がいなくてさみしい。「でも勝つ為に疎開をしているのですよ。仇をうつためにといふことを忘れないでしっかり頑張りなさい」と書き送る・文中の＿＿は、私がつけたものではない。
（『空襲・疎開・敗戦・占領――岡山師範学校男子部附属国民学校児童の昭和20年――』　拙編　1996年8月15日刊／拙著『B-29墜落甲浦村　1945年6月29日』2000年6月29日刊参照）

　『岡山戦災の記録第2集』（1976年刊）。私もこの本の編集に加わったが、その中に収められた体験者の手記に、1人の老人が登場している。その老人は隣人の死に手を合わせ、「マツカワさんもええ加減にゃ。これえてつかぁさりゃええのに……」とつぶやいている。マツカワさんは、連合軍最高司令官マッカーサー元帥のこと。日本が仕掛けたアメリカとの戦争で、アメリカが「いい加減」に攻撃をやめることなど考えられないことだった。現在の少年には、そのことがはっきりわかっている。

(付　録)

　本冊の本論に関連の小文を以前発表している．それをここに掲げさせていただく．参考にしていただければうれしい．

「米軍資料」の史料批判の方法

日笠　俊男

1．はじめに

　いわゆる「米軍資料」群は，空襲研究，あるいは空襲・戦災の記録の中で，史料的にきわめて重要で，欠くことのできないものとして存在している．それは間違いないことだが，一方で，その史料批判が十全でなければ，またその解読・解析を誤れば，折角の「米軍資料」によって虚構の記録や歴史書が生みだされることになりかねない．実際に岡山における「記録」を見ると，それは「杞憂」でなく，虚構の「米軍資料」がひとり歩きしている場合がすくなからずある．その現状から，筆者は，今回，岡山空襲資料センター発行のブックレット第1号として，『1945.6.22．水島空襲「米軍資料」の33のキーワード』を提起した．「水島空襲」，それは現倉敷市水島の三菱自動車工場，旧「三菱重工業水島航空機製作所」空襲をさしている．

　キーワードは，①『第21爆撃機集団司令部）戦術作戦任務報告書作戦番号No.215～220』（以下『TMR』）　②『第21爆撃機集団A-2）空襲損害評価報告書105』（『DAR』）　③『第21爆撃機集団A-2）週刊航空情報報告1945.7.7．付』（以下『AIR』）の三つの「米軍資料」から抽出した．それはここには掲げないので，ブックレット1によって見ていただきたい．（岡山空襲資料センター　ブックレット1『1945.6.22．水島空襲「米軍資料」の33のキーワード』2001年5月3日刊　吉備人出版　￥700+税）

　キーワード抽出の意義は，同題で次の様に述べた．

　『「米軍資料」の意義は「米軍資料」自身に語ってもらうのがいちばんよい．しかしたくさんの「米軍資料」群を丸ごと提示することは不可能．仮にそうしたとしても解読できなければ意味がない．そこで「米軍資料」からいくつかのキーワードを抽出する．キーワード抽出作業は，資料検証，資料解読の過程であり，「史料批判」の中核部分でもある．したがってこのキーワードは，あくまで研究上の，また記録作業の「作業仮説」として提起している．不充分な解読から生じる誤りがあるかも知れない．その様なものとして受けとめてほしい．

　前にも述べたが，いかなる資料にも資料的限界がある．「米軍資料」には，各種のぼう大なデータや情報があり，たしかに日本側の資料の不足を補ってくれる．しかし，資料ごとに，その資料の性格に応じて検証しないとそれは輝かない．「米軍資料」，あるいは以下のキーワードを間違っても一人歩きさせたり，日本側の諸々の資料の上におく様なまねをしてはならない．』

　さて，本稿の主題であるが，（2）として，実践的史料批判の方法6点提起する．これはブックレット1の内容の肝心の部分．この問題提起で，「米軍資料」の史料批判の問題の論議が一層深まることを期待するものである．

2．「米軍資料」の史料批判の方法

　本章での「米軍資料」は主として『TMR』に焦点を当てている．

『TMR』は部隊司令部によって，作戦終了直後に，実行部隊帰還報告を得て作戦計画，実行計画，作戦成果にわたってまとめ，その上で関係部署に配布する．次の作戦に役立てるためである．それには，各種の情報やデータが一定の型式・様式に従って分類整理されている．緻密かつ具体的に，たとえば作戦実行後の帰還報告も，そのための約20頁に及ぶ報告様式（マニュアル）があり，それに従ってなされる．質問項目は100近い．（実際の項目数は項目の大中小，図や表もあり，数は特定しがたい）6・29岡山空襲はB-29,141機が出撃し138機が目標を爆撃し，1機が目標上空で墜落した．このこと自体，同『TMR』などで明らかになることだが，それはさておき，実行の隊員は約1,500人．（141機×1機11人の基本要員）そのうち1機11人は墜落で死亡し帰還できなかったが，帰還の全員がなんらかの形でこの報告に加わる．それが一つにまとめられている．

　各隊員の報告はならしてまとめないところが面白い．例えば，目標上空で遭遇した対空砲火．1例だが「貧弱ないし激烈，不正確ないし正確」（小山仁示訳著『日本空襲の全容』東方出版参照）という具合．日本軍だとこうはなるまい．緻密な報告書が作戦ごとにつくられるという背景に，物量に恵まれているということもあるが，それ以上に全体を合理的精神が支配している．文化の違いも見てとれる．本筋にもどって，以下いくつかの当資料検証の留意点を取りあげる．

　『実践的史料批判』

　①『TMR』は内容の正確さにおいて定評がある．しかしどんな資料もその100％の保障はない．同『TMR』にも欠落，誤り，誤記，誤字（ミスタイプ）などがある．6・29岡山空襲の場合も焼夷弾の制式記号に誤字の部分があり，それが，そのまま岡山市史にとりこまれている．実際に投下されなかった焼夷弾が市史掲載の訳文には存在している．

　② 解読を間違えばどんな正確な報告書の価値もなくなる．岡山空襲のB-29機数について，戦災の記録の中に，同じ『TMR』によるとしながら，143機，141機，138機の3説が存在していた．それが，市史や県史など記録に3様に取りこまれている．たしかに報告書にこの3種の数字は存在している．しかし資料全体を見れば，3様のちがいの意味はすぐわかる．一つの資料は全体で一つの意味のあるまとまりをもつものである．故に資料は全体を読まないとたしかな事実は見えてこない．市史や県史は資料の一部をつまみ喰いをしていたのである．

　③ 信頼性のおける資料でも，絶対化はいけない．一つの資料はあくまで単なる一つの資料．鵜呑みにしないで，関連，関係の他の米軍資料と対比あるいは重ねて見るのがよい．これは解読，検証をふかめる作業の過程でもある．事柄によっては資料間で異同があることが発見できる．水島空襲の場合，二機米軍に損失がでた．その一機は『TMR』では着陸時，「AIR」では離陸時の事故としている．どちらが本当か今のところ筆者にはわからない．

　④『TMR』には客観的なデータだけでなく，情報分析などの様に，「判断」「推測」の部分もある．「判断」や「推測」は根拠のあるものでも必ず正確とはいえない．又米軍資料は基

本的には敵側，あるいは空からという一方から見ている．双方から又，多面的に資料の検証をしなければ確かなことはわからない．

⑤ 印象，つまり心理的な事実の報告の部分．これはまさに主観的．印象は，そのとき，"そう見えた""そう思った"という点は，その場，その状況の中に一定の根拠の存在する心理現象．印象の字の如しである．しかし印象はあくまで「心理的事実」で，「客観的事実」とは別．6・29岡山空襲では，隊員は，「標的上空で高射砲の反撃は，弱い，不正確，激しいと描写されている」（拙著『B-29墜落甲浦村1945年6月29日』吉備人出版参照）と報告している．しかし岡山では反撃した高射砲は全くなかった．

⑥ 資料は全体をていねいに，繰り返し読むことが大切．見落とし，思い込み，勘違いなどを防ぐために必要である．新しいテーマ，問題関心の変化に応じて何度でも繰り返し読みなおすことも必要．さらに関連の資料や他方面の資料の収集も進めなければならない．しかし自らかく言うものの，それは残り少ない時間の中で可能だろうか．とうてい無理の思いも胸をよぎる．しかしこれほどの資料が存在するのに，それを見ないで，虚構の一人歩きを見るのは恐ろしい．耐えられない．私はその中で，全国の先進，先行の研究者から学ぶこと，全国の空襲・戦災を記録する会と連携・協力が大切だと考えている．そこに残り少ない時間と虚構の歴史の恐怖超克の道があると思う．

※『空襲通信―空襲・戦災を記録する会　全国連絡会議会報―第3号』2001.8.11　所収

日　笠　俊　男（ひかさ　としお）
1933年生まれ
岡山空襲資料センター代表

主な関係の著書・論文

『気象管制と観天望気』
6.29岡山空襲研究　第11号（1997.11.15）所収

『6.29　岡山空襲　人口の82％が罹災の虚構』
同　第15号（1998.2.21）所収

『6.29　岡山空襲　犠牲者は2000人を超える』
同　第18号　（1998.5.3）所収

『6.29　岡山空襲　戦災地図』
同　第23号（1998.9.25）所収

『6.29　岡山空襲　御成町戦災地図』
同　第24号（1998.11.3）所収

『B-29墜落　甲浦村　1945年６月29日』
2000.6.29　吉備人出版刊

『1945.6.22　水島空襲「米軍資料」の33のキーワード』
岡山空襲資料センターブックレット１　2001.5.3刊

『カルテが語る岡山大空襲―岡山医科大学皮膚科泌尿器科
教室患者日誌―』
岡山空襲資料センターブックレット２　2001.6.29刊

『戦争の記憶―謎の3.6岡山空襲　AAFXXIB.C「313RSM2」―』
岡山空襲資料センターブックレット３　2002.8.31刊

『吾は語り継ぐ』（編著）
岡山空襲資料センター　2003.6.29刊

『半田山の午砲台―岡山の時（とき）の社会史断章―』
岡山空襲資料センターブックレット４　2004.6.7刊

『米軍資料　ルメイの焼夷電撃戦―参謀による分析報告―』
（奥住喜重氏と共著）2005.3.10刊

米軍資料で語る岡山大空襲
少年の空襲史料学

2005年8月15日発行

著　者	日　笠　俊　男
発行所	岡山空襲資料センター
	〒703-8277　岡山市御成町5－1　日笠俊男方
	TEL・FAX 086-272-3419
発売所	吉備人出版
	岡山市丸の内2丁目11－22
	TEL 086-235-3456　FAX 086-234-3210
	振替 01250-9-14467
	books@kibito.co.jp http://www.kibito.co.jp/
印刷所	サンコー印刷株式会社
	総社市真壁871-2

　　　　　　　　　　ⒸHikasa Toshio 2005
　　　　　　　　乱丁・落丁はお取り替えします。
　　　　　　ご面倒ですが小社までご返送ください。
　　　　ISBN4-86069-100-8 C0021 ¥700E